我的旅遊手冊

悉尼

新雅文化事業有限公司
www.sunya.com.hk

我的旅遊計劃

小朋友，你會跟誰一起去悉尼旅行？請在下面的空框內畫上人物的頭像或貼上他們的照片，然後寫上他們的名字吧。

登機證
Boarding Pass

悉尼 SYDNEY

請你在右面適當的位置填上這次旅程的相關資料。

出發日期：

年　月　日

回程日期：

年　月　日

旅遊目的：

- ☐ 觀光
- ☐ 探訪親人
- ☐ 遊學
- ☐ 其他：＿＿＿＿

在出發前，要先計劃活動，你可以跟爸爸媽媽討論一下行程安排。請在橫線上寫上你的想法吧。

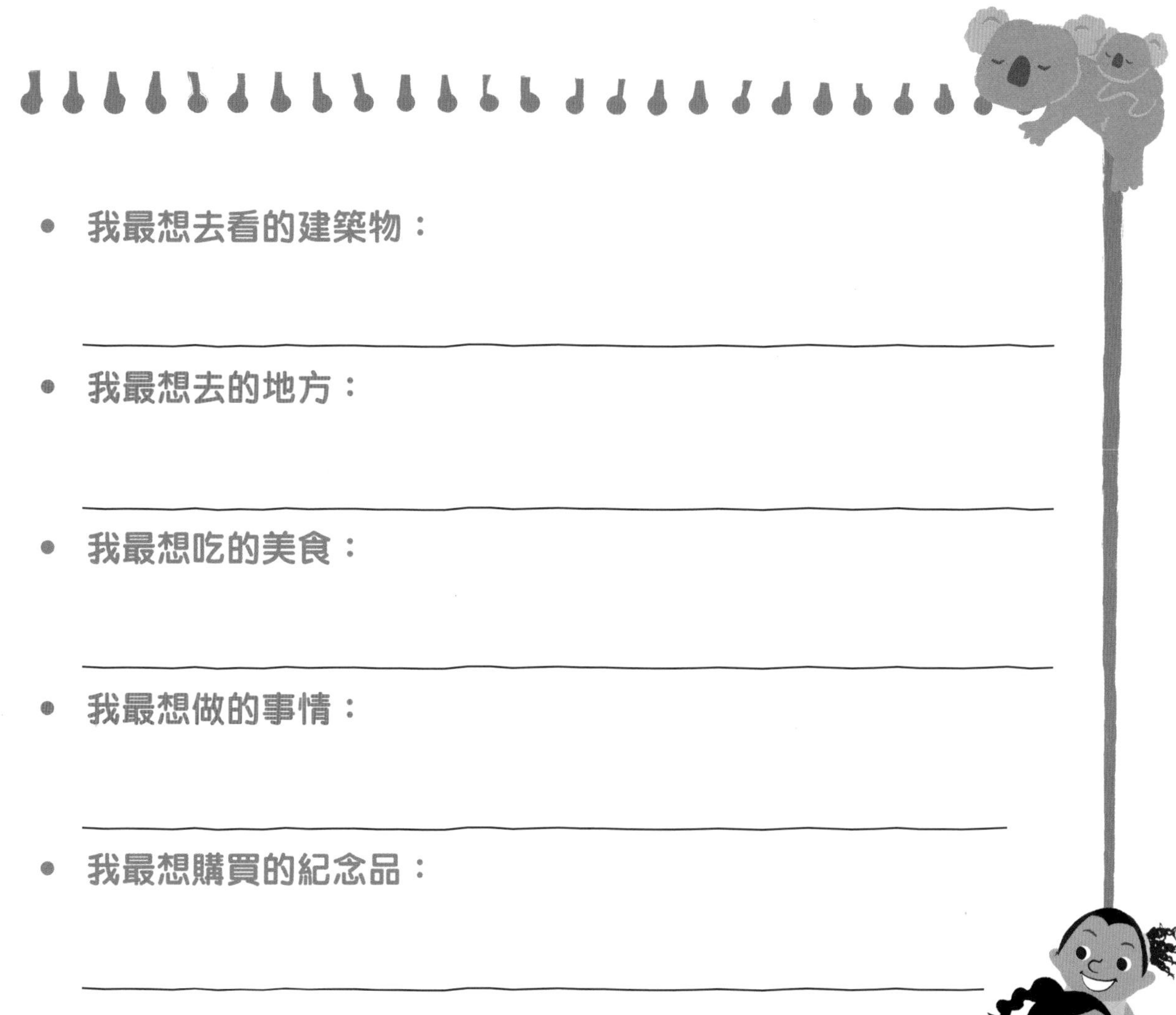

- **我最想去看的建築物：**

____

- **我最想去的地方：**

____

- **我最想吃的美食：**

____

- **我最想做的事情：**

____

- **我最想購買的紀念品：**

____

悉尼

Sydney

——澳洲的主要城市

G'day, mate!

小朋友，快來一起到悉尼這個美麗的城市，認識澳洲的文化吧！

澳洲 Australia

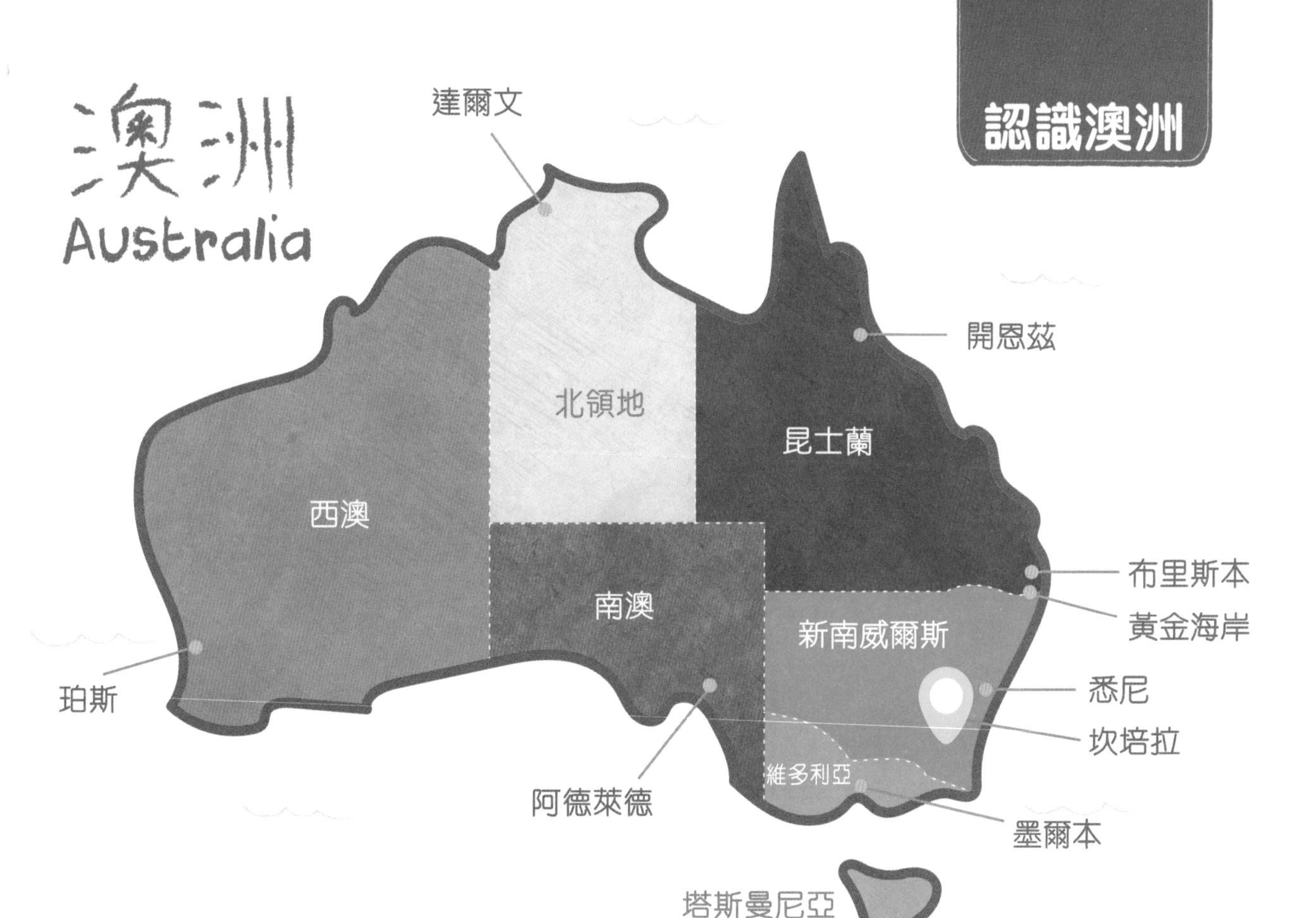

國旗：

首都： 坎培拉

語言： 英語

貨幣： 澳元 AUD$

澳洲位於南半球，是世界上唯一一個國土覆蓋整個大陸的國家，它曾是英國的殖民地。澳洲的首都位於坎培拉，而悉尼和墨爾本則是澳洲的兩大經濟城市。

澳洲有多樣的自然景觀，包括熱帶雨林、沙漠，以及美麗的海岸和島嶼。這個國家擁有不少世界自然遺產，例如北部的昆士蘭大堡礁。

考考你

你知道是哪一位英國海軍上將於 1788 年率領第一艦隊進入悉尼灣嗎？

答案：亞瑟．菲利浦 (Captain Arthur Phillip)，他是新南威爾斯的首任總督。

悉尼的天際線

悉尼位於澳洲的東部沿岸，是新南威爾斯州的首府。悉尼也是澳洲最歷史悠久的大都市、國家的經濟及文化中心。小朋友，你能分辨出以下這些悉尼的地標嗎？請從貼紙頁中選出合適的貼紙貼在剪影上。

小知識

悉尼市有鱗次櫛比的高樓大廈，也有古老的街道、美麗的植物園，還有很多博物館和遊樂園，是一個動靜皆宜的旅遊城市。悉尼的市區包括：岩石區、市中心、英王十字區、達令港、唐人街、格利伯、帕丁頓、邦迪和曼利等。而藍山、獵人谷、史蒂芬港及中央海岸則是近郊地區。

悉尼歌劇院

位於悉尼港灣上的悉尼歌劇院（Sydney Opera House）不僅僅是悉尼的地標，它也是澳洲最具代表性的建築和象徵。請把下圖中的虛線連起來，然後把圖畫填上顏色，看看這座造型獨特的歌劇院吧。

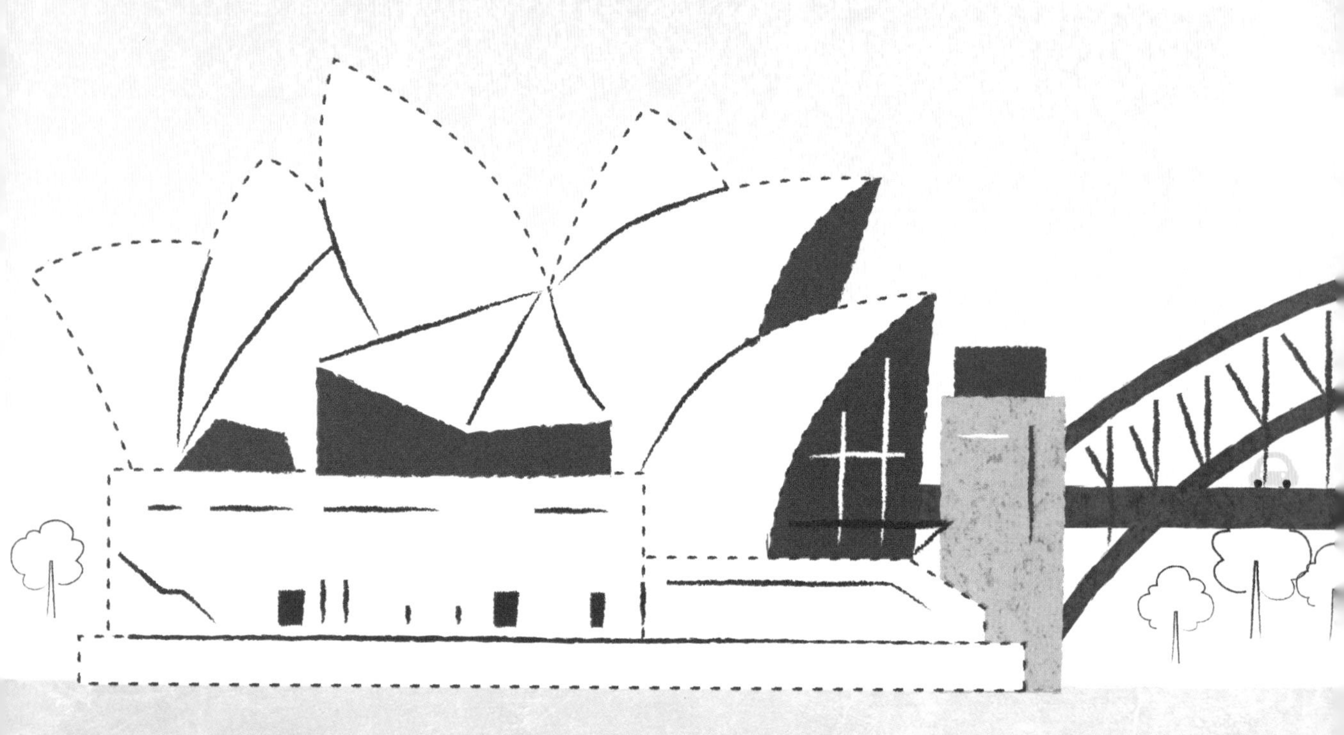

小知識

悉尼歌劇院是大多數首次來訪悉尼的旅客必到的景點之一。它的外形猶如白色的貝殼，也像是海灣上一艘艘白色的帆船揚帆而出。這座設計新穎破格的歌劇院始建於 1956 年，花上 16 年時間建造，於 1973 年才落成，成為了建築界的經典，現已被列為世界文化遺產之一。

悉尼港灣大橋

在悉尼港灣上，還有一座世界聞名的地標——那就是悉尼港灣大橋（Sydney Harbour Bridge）。遊客們可以從海上欣賞到悉尼歌劇院和大橋的美麗風光。請從貼紙頁中選出貼紙貼在適當的位置，看看港灣上有什麼船隻吧。

小提示

除了從海上欣賞悉尼港灣大橋之外，遊客們也可以沿着拱橋上的樓梯爬上悉尼港灣大橋，居高臨下地欣賞海灣的景色呢。此外，每年除夕，人們都會在大橋上舉行煙花匯演倒數活動，這項活動已成為世界注目的焦點。

考考你

小朋友，你知道悉尼港灣上的黃色小艇是哪一種交通工具嗎？請圈出代表正確答案的英文字母。

A 海上巡邏艇

B 水上的士

C 渡輪

答案：B

悉尼魚市場

悉尼魚市場（Sydney Fish Market）是南半球最大的魚類批發市場，歷史悠久。這裏除了有很多商人競投海產之外，還有很多食肆供應各式各樣澳洲盛產的新鮮海產。請從貼紙頁中選出合適的貼紙貼在剪影上，看看有哪些海產吧。

我的小任務

在遊覽悉尼魚市場時，請你找出這個市場的標誌，並拍下一張照片留為紀念吧。

跳蚤市場

悉尼市內有不少只於周末營業的跳蚤市場，例如帕丁頓市集（Paddington Markets）、岩山區市集（The Rocks Markets）、格利伯市集（Glebe Markets）和邦迪周日市集（Bondi Markets）等，這些都是深受遊客喜愛的特色觀光景點。請從貼紙頁中選出合適的貼紙貼在剪影上，看看有哪些有趣的商品吧。

皇家植物園

位於悉尼歌劇院旁的皇家植物園（Royal Botanic Gardens）也是一個著名的景點。在植物園裏，環境優美，有五顏六色的花卉，令人目不暇給。小朋友，請把下圖中的植物花卉填上美麗的顏色吧。

小知識

皇家植物園是澳洲歷史最悠久和最具規模的植物園之一。這裏有寬廣的草地、池塘和宮庭花園，適合一家大小到來休憩和野餐。在植物園內有不同的溫室種了五花八門的草木和花卉，例如仙人掌、金合歡（澳洲的國花）、袋鼠爪、紅火球帝王花、粉紅色澳石楠、沙漠玫瑰等等，是一個認識澳洲野生植物的好地方。

動力博物館

動力博物館（Powerhouse Museum）是一個兒童科學館，這裏有很多有趣的互動體驗遊戲設施。展覽主題包括科學、航天、交通工具、歷史文化和藝術等。請從貼紙頁中選出合適的貼紙貼在剪影上，看看有哪些有趣的展品吧。

邦迪海灘

邦迪海灘（Bondi Beach）是悉尼市內最受歡迎的海灘，是一個進行水上活動的好去處。請從貼紙頁中選出貼紙貼在合適的位置，看看人們在進行什麼活動吧。

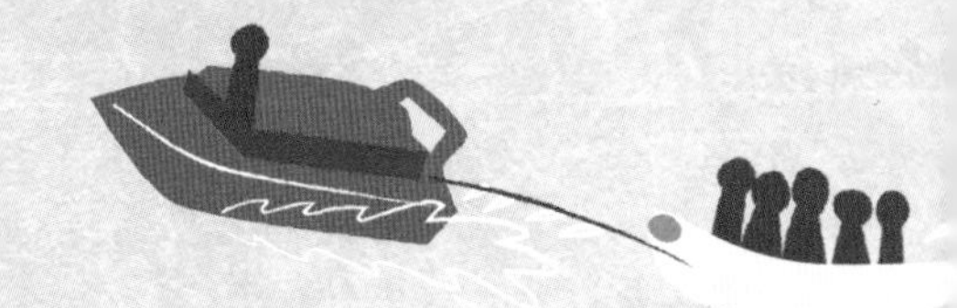

小知識

邦迪海灘位於悉尼東岸，面臨太平洋，水清沙幼，每年都吸引數以百萬計的泳客來遊覽，非常熱鬧呢。由於邦迪海灘風高浪急，常常有湍流，因此設有海上救生員負責救傷扶危，這裏也是海上救生員的發源地。每年2月，這裏都會舉行大型的海上救生員嘉年華。

我的小任務

在邦迪海灘遊覽時，請你找一找沙灘上有哪些特別的警告標誌，並拍下照片留為紀念吧。

考考你

小朋友，當你到沙灘游泳時，你會帶上哪些物品呢？請說說看。

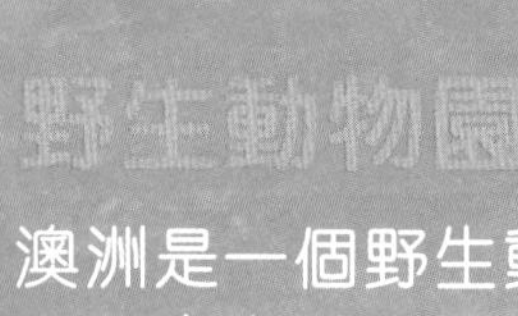

野生動物園

澳洲是一個野生動物王國，悉尼市有不少動物園和野生動物園，很適合一家大小遊覽呢。請從貼紙頁中選出合適的貼紙貼在剪影上，看看有哪些野生動物吧。

小知識

除了位於市內的悉尼野生動物園（Sydney Wildlife Zoo）和塔龍加動物園（Taronga Zoo）之外，位於市郊藍山的菲澤德爾野生公園（Featherdale Wildlife Park）也是一個受歡迎的野生動物園。園內有不少動物都是開放式飼養，遊客們可以不受阻隔，與動物們作近距離接觸呢，例如可以親自餵飼料給袋鼠，或與樹熊合照。

我的小任務

在遊覽野生動物園時，請你找出這些動物，每當你找到一種，就在 ■ 內加上✓吧。

■ 塘鵝
■ 孔雀
■ 企鵝
■ 袋鼠
■ 鴕鳥
■ 羊駝

考考你

樹熊是澳洲的代表動物之一。小朋友，你知道樹熊是吃哪種葉子的嗎？

答案：尤加利葉

親親海洋生物

在澳洲旅遊時，遊客們都不會錯過可以觀賞到海洋生物的景點。出海觀賞野生海豚或鯨魚的體驗之旅是在悉尼市郊的史蒂芬斯港（Port Stephens）最受歡迎的活動之一。小朋友，請你數一數海上有多少條海豚吧。

沙丘滑行

悉尼市郊的史蒂芬斯港還有一種深受遊客們歡迎，緊張刺激的玩意呢，那就是滑沙了。遊客們驅車在沙灘上奔馳，然後在一望無際，高達 30 至 50 米的沙丘上滑下來，真刺激啊！請從貼紙頁中選出貼紙貼在合適的位置，看看人們在進行什麼活動吧。

熱氣球飛行

天上的熱氣球真美麗啊！小朋友，請你發揮創意，在下面空白的熱氣球上設計一些你喜歡的圖案或把熱氣球填上鮮豔奪目的顏色吧。

小知識

澳洲有不少地方適合進行熱氣球飛行活動。在悉尼近郊，例如獵人谷（Hunter Valley）或坎登（Camden）地區都有舉辦乘坐熱氣球（Hot Air Ballooning）觀看日出的體驗旅行團，遊客可以藉此深入探索澳洲壯麗的自然地貌。有些熱氣球公司更會在旅程完畢後提供體驗證書給旅客留為紀念呢。

考考你

熱氣球是人類最早的飛行工具，可以載人飛上天空。你知道是誰發明熱氣球的嗎？

答案：法國發明家孟格菲兄弟
（The Montgolfier Brothers）

特色美食

小朋友，你知道澳洲有哪些特色美食嗎？請從貼紙頁中選出食物貼紙貼在剪影上，你便會知道了。

雪糕熱香餅

薄餅

烤雞

漢堡

海鮮盤

餡餅

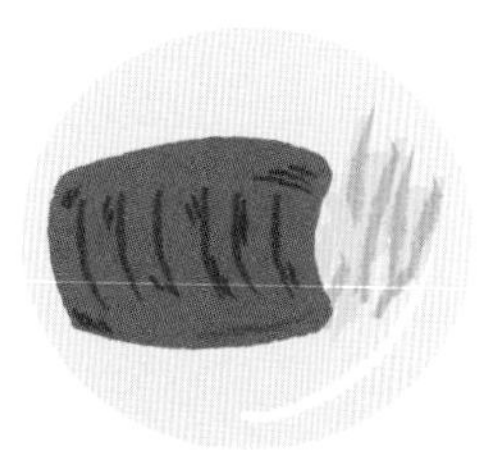

烤肋骨

烤羊架

牧場體驗

澳洲的畜牧業發達，在各個省份都有不少牧場。在牧場裏，有很多可愛的動物。請從貼紙頁中選出貼紙貼在合適的位置，看看人們在牧場裏還會進行什麼活動吧。

小知識

托布魯克牧羊場（Tobruk Sheep Station）位於悉尼近郊藍山區，遊客們可以在這裏體驗澳洲的農場生活。在牧場裏，人們可以觀看傳統的剪羊毛表演和牧羊犬趕羊表演，體驗擲回力鏢，更可品嘗澳洲烤麪包和蛋糕，泡比利茶，體驗澳洲地道燒烤等等。

小朋友，你知道澳洲的牧場有哪些乳製品特產嗎？請說說看。

參考答案：牛奶、羊奶、芝士、乳酪、牛油

爬蟲生態公園

小朋友，你喜歡爬蟲類動物嗎？在澳洲爬蟲生態公園（Australian Reptile Park）裏，雲集了澳洲特有的爬蟲類動物和其他動物呢。請把圖中的爬蟲類動物圈起來吧。

AUSTRALIAN REPTILE PARK

小知識

澳洲爬蟲生態公園位於悉尼近郊中央海岸地區。除了有爬蟲類動物之外，公園裏還有很多澳洲動物，例如袋熊、袋鼠、樹熊等。其中最受歡迎的活動就是讓兒童和青少年參加動物護理員的工作體驗。園方會按照孩子的年齡設計不同的活動或工作，加深孩子對動物和動物護理員工作的認識。

答案：

澳洲果園

澳洲盛產的水果豐富，果園遍布，看，這個草莓果園真廣闊啊，遊客們都來親近大自然，體驗一下採摘果實的過程。

小朋友，你知道澳洲盛產哪些水果嗎？請從貼紙頁中選出水果貼紙貼在適當的位置。

澳洲的路牌

近年，遊客們都喜歡自己駕車暢遊悉尼和澳洲其他地區，沿路可以欣賞到沙漠、熱帶雨林和海岸沙灘的美麗風光。小朋友，你知道以下這些特別的路牌代表什麼意思嗎？請根據提示說說看。(選項可重複使用)

A 前方可能有兒童過路
B 小心前面有袋鼠出沒
C 前方可能有牲畜過路
D 前方可能有水浸

我的小任務

在悉尼旅遊時，請你拍下一些有趣的路牌照片留為紀念吧。

答案：1.C 2.D 3.B 4.A 5.C

我的旅遊小相簿

小朋友，你喜歡拍照嗎？請你把在這次旅程中拍下的照片貼在下面不同主題的相框裏，以留下珍貴的回憶。

我的悉尼旅遊足跡

小朋友，你曾經到過澳洲悉尼的哪些地方觀光？請從貼紙頁中選出貼紙貼在地圖的剪影上來留下你的小足跡吧。另外，你也可以在地圖上畫出你自己計劃的旅遊路線。

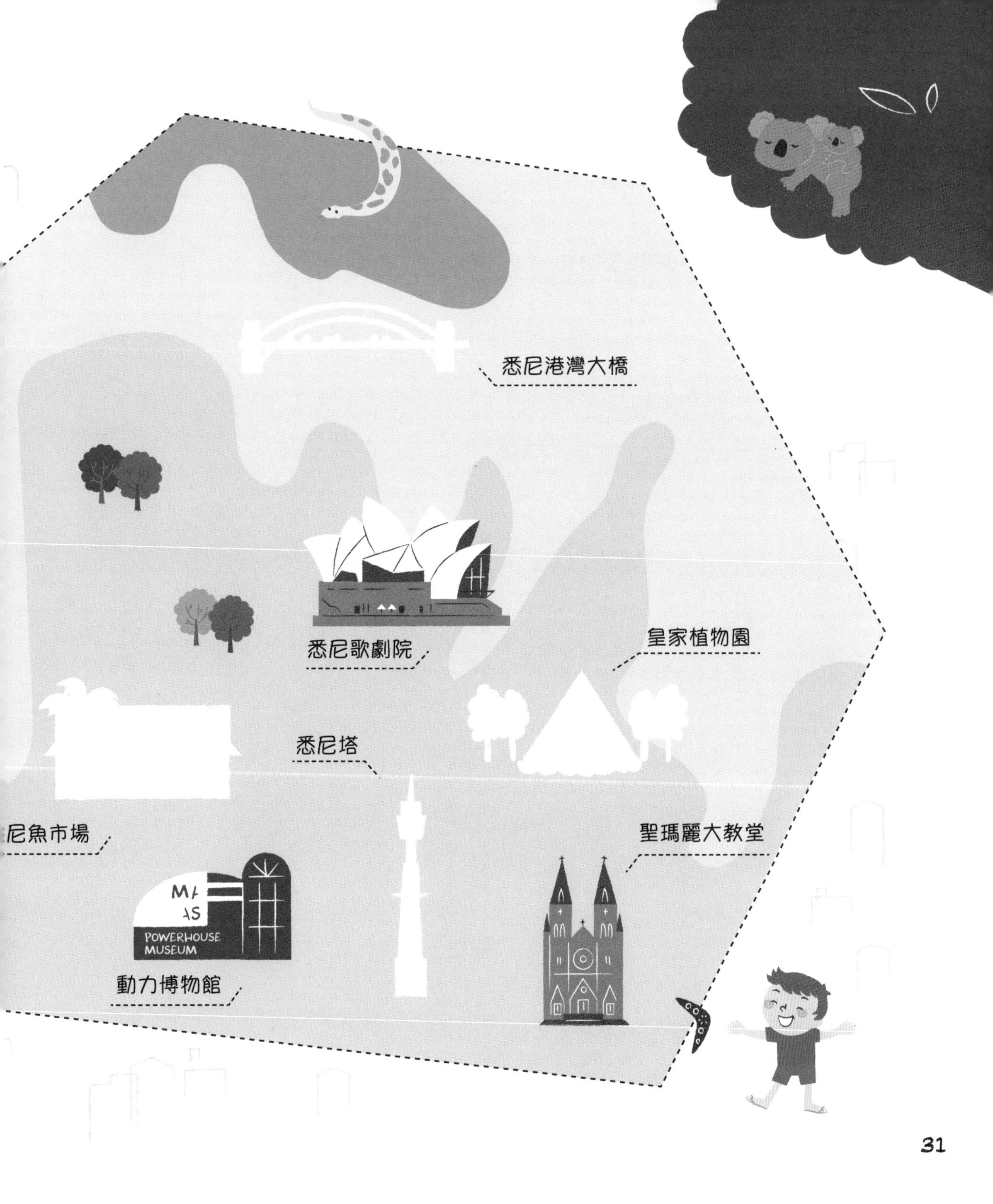
悉尼港灣大橋
悉尼歌劇院
皇家植物園
悉尼塔
尼魚市場
聖瑪麗大教堂
MA
AS
POWERHOUSE
MUSEUM
動力博物館

我的旅遊筆記

你可以發揮創意，把你在旅程中看到有趣的東西畫出來。

請貼在 P.6 - 7

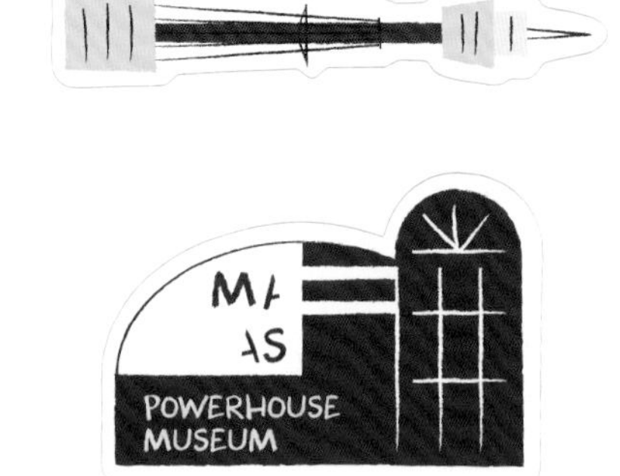

請貼在 P.8 － 9

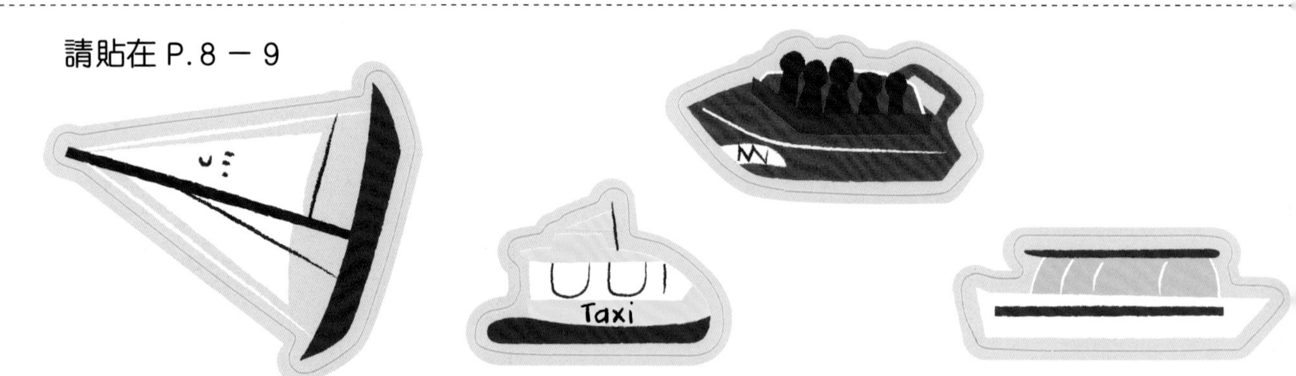

請貼在 P.10

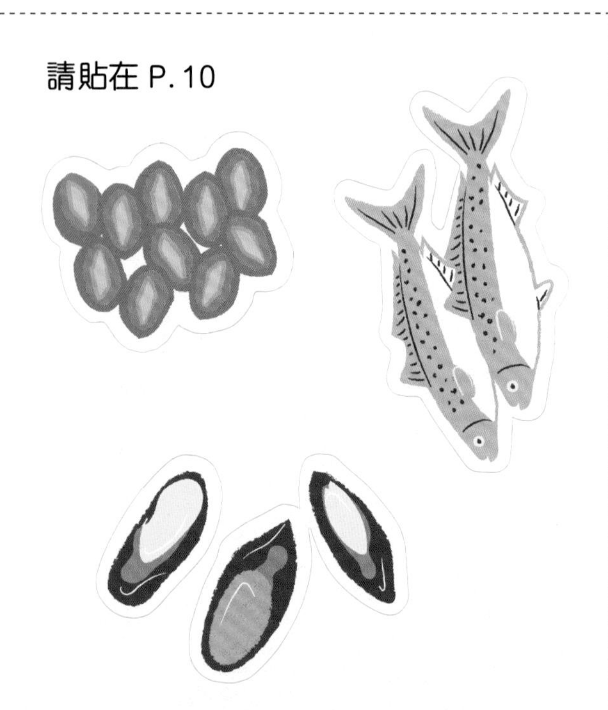

請貼在 P.11

請貼在 P. 13

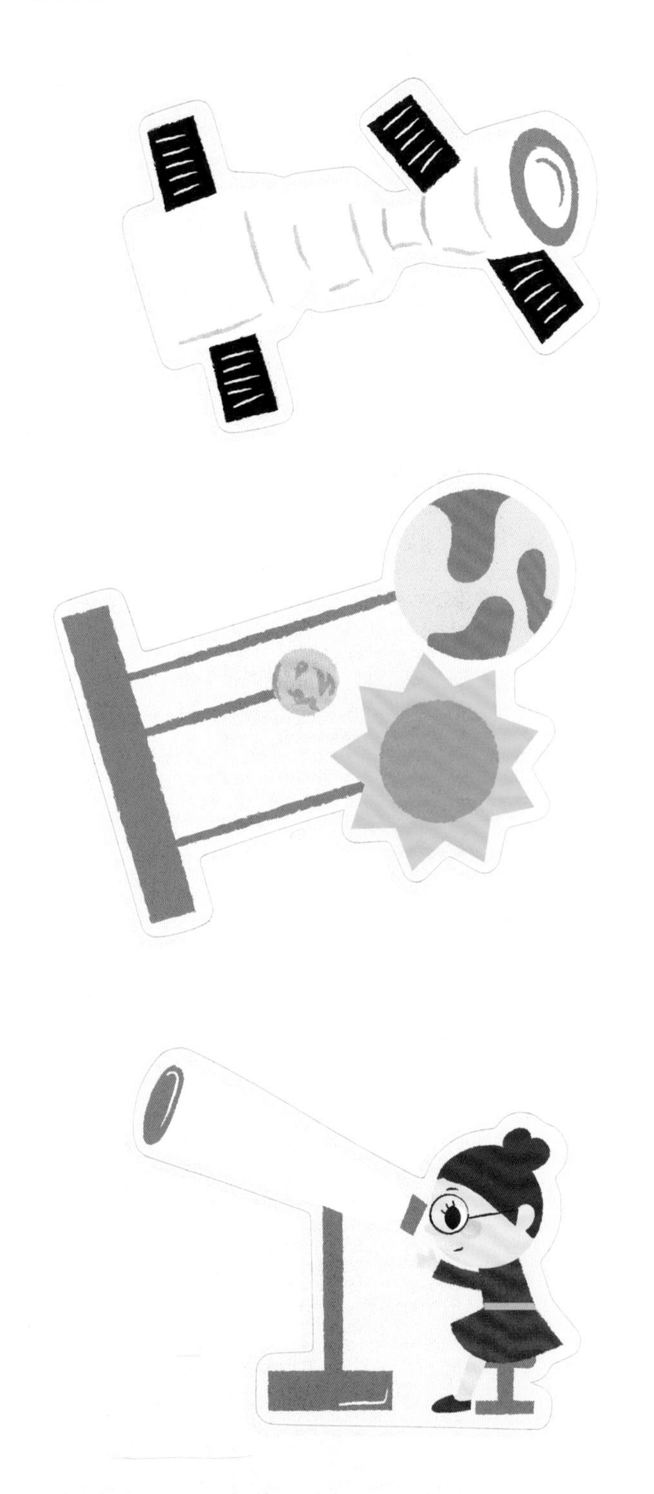

請貼在 P. 14 - 15

請貼在 P. 16 - 17

請貼在 P. 21

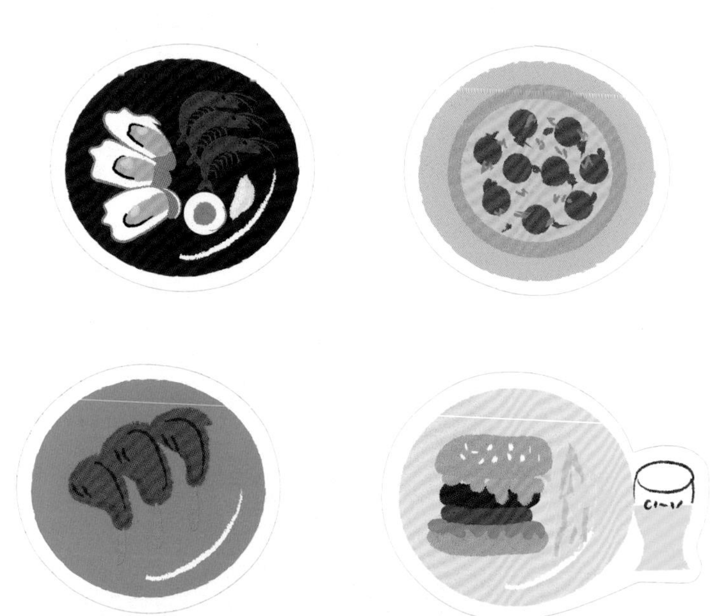

請貼在 P. 19

請貼在 P. 22 - 23

請貼在 P. 26

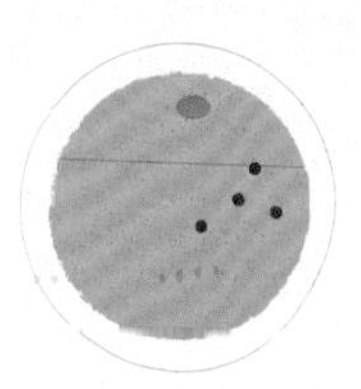

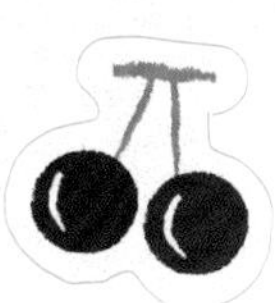

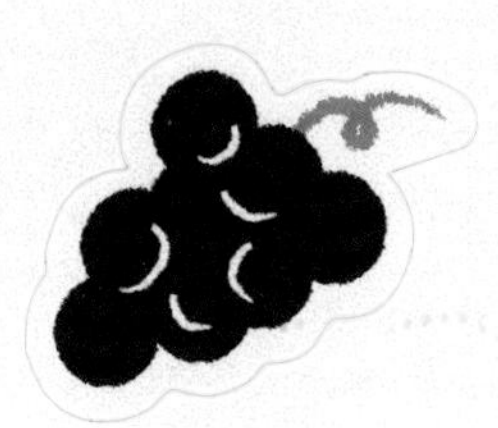

請貼在 P. 30 - 31